Katarzyna Kulhawik

Deposição direta em aterro versus tratamento mecânico-biológico

Katarzyna Kulhawik

Deposição direta em aterro versus tratamento mecânico-biológico

ScienciaScripts

Imprint

Cover image: www.ingimage.com

This book is a translation from the original published under ISBN 978-620-2-30364-4.

Publisher:
Sciencia Scripts
is a trademark of
Dodo Books Indian Ocean Ltd. and OmniScriptum S.R.L publishing group

120 High Road, East Finchley, London, N2 9ED, United Kingdom
Str. Armeneasca 28/1, office 1, Chisinau MD-2012, Republic of Moldova, Europe
Managing Directors: Ieva Konstantinova, Victoria Ursu
info@omniscriptum.com

Printed at: see last page
ISBN: 978-620-8-58065-0

Índice

CAPÍTULO 1 **2**
CAPÍTULO 2 **10**
CAPÍTULO 3 **27**

CAPÍTULO 1

Introdução

De acordo com a exigência de muitos países, o processo dominante deveria ser a recuperação. Os resíduos não recicláveis devem "ainda" ser depositados em aterros. Do ponto de vista técnico, a eliminação em aterro deveria ser um processo que limitasse o seu impacto no ambiente natural e nas pessoas. No entanto, numerosos estudos efectuados ao longo dos anos confirmam que os aterros constituem uma ameaça potencial para o ambiente (em virtude da produção de lixiviados e da emissão de biogás) [Rosik-Dulewska 2015]. A fim de reduzir as ameaças acima mencionadas, o processamento biológico mecânico está a tornar-se cada vez mais comum no mundo. A tecnologia MBP é aplicada como a tecnologia mais eficaz e disponível. Tendo em conta o acima exposto, o livro contém as diferenças (caraterísticas) entre a eliminação direta em aterro e o processamento biológico mecânico. Além disso, descreve o funcionamento destes processos em diferentes países.

1 O funcionamento do aterro sanitário

1.1 Deposição em aterro - o papel de um aterro

A eliminação de resíduos, devido ao progresso da civilização, ao aumento da consciencialização das ameaças ambientais e ao desenvolvimento de possibilidades para a sua redução, uma evolução real, começando pelas formas mais primitivas baseadas na eliminação aleatória de resíduos em locais não preparados até às tecnologias altamente desenvolvidas de eliminação de resíduos. Atualmente, de acordo com a lei, um aterro é uma construção destinada a eliminar resíduos e, do ponto de vista tecnológico, a eliminação é um processo de deposição de resíduos para reduzir o seu impacto no ambiente natural e nas pessoas, que deve ser realizado de forma controlada. No entanto, parece que os processos que têm lugar nos aterros estão geralmente fora de controlo. Refere-se principalmente a os processos de produção de biogás, o controlo da produção e a gestão dos resíduos. Consequentemente, a eliminação de resíduos representa uma ameaça "potencial" para o ambiente.

No entanto, a construção de um aterro sanitário de acordo com a tecnologia atual permite a sua utilização de tal forma que os encargos para o ambiente e arredores (causados por lixiviados, odores, incêndios perigosos) são susceptíveis de ser eliminados de forma significativa. A nocividade (arduidade) da deposição em aterro depende de (Bilitewski 2006) :

- propriedades físicas, químicas e biológicas dos resíduos,
- a dimensão da massa de resíduos,
- a qualidade do terreno, as condições hidrológicas e a situação de um aterro, em função da situação do terreno, ,
- gestão do ambiente no solo e no subsolo (água) na zona adjacente ao aterro,
- organização e manutenção do aterro sanitário,
- o modo de recultivo e o plano de desenvolvimento do sítio-alvo.

Um aterro sanitário deve cumprir os requisitos técnicos definidos por lei devido à sua nocividade, nomeadamente:

- sistemas de proteção das águas subterrâneas e superficiais contra o impacto dos resíduos,
- um sistema de receção e gestão de biogás,
- equipamentos tecnológicos de moldagem e compactação,
- um sistema de controlo permanente do impacto do aterro no ambiente (monitorização),

- um sistema de reabilitação (Bilitewski e outros)

Uma vez terminada a descarga, existe ainda um risco duradouro devido à decomposição dos resíduos, incluindo a evaporação da água e a lavagem dos poluentes do interior do aterro, que têm uma influência negativa no ambiente.

Os seguintes elementos desempenham um papel significativo no processo de decomposição dos resíduos (Rosik 2015): - composição química,

- teor de água,

- acesso ao oxigénio,

- composição e atividade dos microrganismos,

- o pH,

toxicidade dos resíduos para os microrganismos.

1.2 Impacto da eliminação de resíduos no ambiente

A neutralização dos resíduos urbanos por deposição em aterro é considerada uma das tecnologias de neutralização mais importantes (Kaczorek, Ledakowicz (2005). Isto significa que constitui o elo final e vital na hierarquia dos procedimentos aplicados à gestão de resíduos, indispensável para o seu bom funcionamento, e que, por outro lado, tem o maior significado para a saúde humana e o ambiente natural.

Os seguintes processos/condições contribuem para a nocividade (arduidade) da deposição em aterro no ambiente: a qualidade do terreno, as condições hidrológicas e geológicas, a localização, as propriedades dos resíduos (processos de decomposição) e o modo de utilização e recultivo.

Caraterísticas das condições acima mencionadas: Kulig (2004)

- Condições geológicas e hidrológicas

No solo, como base trifásica, os poluentes podem existir dissolvidos em soluções de vapor, ligados à superfície da fase sólida e na fase gasosa. O processo de propagação na água e na base do solo é um fenómeno complexo, que consiste em processos físicos e químicos responsáveis pelo transporte de substâncias e processos bacteriológicos. (Malecki 2006, Witczak, Adamczyk 1994) Os seguintes processos são considerados os principais fenómenos responsáveis pela migração de poluentes: convecção (advecção), sorção e dessorção, difusão molecular, degradação de compostos orgânicos. A convecção é considerada o principal mecanismo de mobilidade dos poluentes, ou seja, a deslocação de uma massa através da corrente de filtração com uma velocidade média da água e decorrente do gradiente de pressão existente numa determinada base. O solo, que é uma base trifásica, pode ter diferentes interações com os poluentes. Por conseguinte, os fenómenos de sorção e dessorção, que ocorrem quando os poluentes que contaminam a água e o solo se ligam, têm uma grande influência na migração dos poluentes. Outro processo que determina a migração dos poluentes na base do solo é o fenómeno de difusão molecular, que significa o movimento dos poluentes numa direção que está de acordo com o grau de concentração. O último processo é a degradação que ocorre com a participação de microorganismos. Baseia-se na decomposição e biodegradação dos poluentes orgânicos através de reacções químicas e biológicas. A gama de poluentes que migram dos aterros sanitários depende do tipo de compostos poluentes. Os poluentes bacteriológicos parecem ser os menos disseminados e podem atingir uma distância de cerca de uma dúzia a 100 metros do aterro, enquanto os poluentes químicos sob forma iónica são susceptíveis de atingir uma distância de alguns quilómetros. (Binkiewicz (2007)

- Propriedades (da composição) dos resíduos depositados em aterro e processos de decomposição dos resíduos (físicos e químicos).

A maior parte dos resíduos depositados em aterros não é objeto de triagem. São muito diversos no que respeita à sua composição física e química. Para além do papel, do vidro e do plástico, são depositados resíduos vegetais e animais, que constituem uma fonte de substâncias orgânicas sujeitas a decomposição bioquímica. As embalagens despejadas conduzem sobretudo à ocupação inútil da superfície. Os materiais são e podem ser valiosos para a reciclagem. Por conseguinte, devem ser reciclados e reutilizados. Outro grupo significativo de resíduos que se destina à deposição em aterro é o dos resíduos orgânicos. Estima-se que constituem 30 a 50% de todos os resíduos urbanos.

A eliminação em aterro está sujeita a:

- processos naturais de biodegradação

Contribui para a formação de substâncias gasosas e, posteriormente, para a sua introdução na atmosfera, levando à produção de fetor, toxinas e risco de combustão, nomeadamente, metano, dióxido de carbono, amoníaco e sulfureto de hidrogénio.

De acordo com (Zygadlo 1998, Kathiresan 2003)

- processos químicos e físicos, nomeadamente:
    - mineralização de compostos orgânicos
    - decomposição de substâncias orgânicas em CO_2, decomposição de ligações orgânicas de N,S,P em formas não orgânicas (NO_3^-, SO^{2-}_4, PO^{3-}_4)
    - alterações químicas de compostos não orgânicos que conduzem à formação de ligações permanentes em condições de aterro, que podem resultar na formação de compostos solúveis e insolúveis, por exemplo, os hidróxidos metálicos transformam-se em dióxidos de sulfureto, carbonatos, silicatos e fosfatos, a ligação de metais pesados por ácido húmico em complexos metal-orgânicos permanentes e insolúveis.
- processos bioquímicos, nomeadamente :
    - decomposição de materiais orgânicos (hidrólise, fermentação) que conduz à formação, por exemplo, de ácidos húmicos
    - decomposição de substâncias orgânicas com a participação de bactérias

aeróbias e anaeróbias em ácidos orgânicos e, finalmente, em gases CH_4, CO_2

- ligação de metais e semi-metais em organismos bacterianos
- processos de metilação que conduzem à formação, por exemplo, de metilmercúrio
- o contacto com os resíduos contribui para a formação de lixiviados

Durante todo o período de deposição em aterro (e mesmo após a sua conclusão), os resíduos estão sujeitos ao contacto com a precipitação atmosférica e, se o lençol freático for pouco profundo, também com as águas subterrâneas. Szyc (2003) A água da precipitação entra no aterro e é sujeita a numerosos processos, alguns dos quais escoam, outros evaporam e a parte restante migra através do torrão do aterro, enriquece-se com componentes sólidos e líquidos dissolvidos, formando o chamado lixiviado, que contamina a sua envolvente durante a migração. Biesiada (2006) a composição e a quantidade de lixiviados podem variar consoante o tipo de resíduos depositados, a quantidade de água infiltrada, a idade do aterro, a forma de gestão do aterro e a estação do ano.

- processos de fermentação (hidrólise)

O metano, que é libertado juntamente com o CO_2 sob a forma de gás de aterro, é o produto final da decomposição (fermentação). A libertação de gás começa 2 a 3 anos após o início da exploração do aterro e dura até 20 anos após a sua conclusão. O gás de aterro, para além do metano explosivo e do dióxido de carbono, contém azoto, sulfureto de hidrogénio, amoníaco, hidrocarbonetos aromáticos e outros componentes. A quantidade de gás depende da forma, do formato e da altura do aterro, das condições tecnológicas de exploração, da temperatura do ar, da composição e da humidade dos resíduos e do modo de impermeabilização da superfície e da inclinação do aterro. Zygadlo (1998) Só para dar um exemplo, em média são produzidos 30 a 120 m3 de gás de aterro a partir de 1 tonelada de resíduos.

As ameaças acima referidas podem ser significativamente reduzidas (lixiviados, emissões de metano e outras) através da aplicação de técnicas adequadas de tratamento e eliminação de resíduos. Uma tecnologia orientada para estes objectivos é o tratamento mecânico e biológico antes da eliminação.

1.3. Aterros sanitários em diferentes países

O nível de eliminação varia consoante os Estados da UE. Isto significa que (de acordo com os dados do Eurostat para o ano de 2012) muitos Estados da UE abandonaram a eliminação em aterro, uma vez que conseguiram implementar eficazmente regulamentos sobre a redução da massa de resíduos que é eliminada e os parâmetros que esses resíduos devem cumprir. Por exemplo, (Bialowiec 2014) na Áustria, Bélgica, Dinamarca, Países Baixos, Alemanha, Suíça e Suécia, a deposição em aterro não excede 5 % do balanço total do tratamento. Para isso contribuíram os seguintes factores: (Szymkowiak 2015) desenvolvimento da tecnologia (criação de numerosas instalações de tratamento biológico mecânico e também custos de eliminação mais elevados. No entanto, nos novos Estados-Membros da UE, a eliminação em aterro continua a dominar (de 62% na Eslovénia a 100% na Bulgária).

Por exemplo, o Reino Unido vê-se confrontado com a necessidade de cumprir os objectivos legais de reciclagem e de desvio de resíduos biodegradáveis dos aterros. Este país tem de tomar uma decisão fundamental que irá alterar a forma como gere os resíduos. Os profissionais do sector dos resíduos enfrentam desafios semelhantes em muitos outros países (Inglaterra, Alemanha, Itália, Áustria, França)

Parece que muitos países estão atualmente concentrados no aumento das taxas de reciclagem, mas também reconhecem que terão de ir mais longe para atingir os seus objectivos de desvio dos aterros. Essencialmente, isto significa selecionar uma tecnologia ou tecnologias que serão utilizadas como base para passar da eliminação para o tratamento.

Existem duas abordagens possíveis se a produção for utilizada num aterro sanitário:

- maximizar o grau de biodegradação no processo MBT para produzir um resíduo totalmente bioestabilizado
- efetuar uma bioestabilização mais limitada, poupando assim custos e reduzindo potencialmente a ocupação do solo, mas resultando num produto biotratado que ainda tem algum nível de biodegradabilidade.

É necessário realismo, quer se trate de um produto reciclável ou de um resíduo secundário. Se os mercados de materiais recicláveis não forem viáveis, isso pode ter um impacto significativo na economia de uma instalação (as receitas são transformadas em custos de eliminação) e no desempenho em relação aos objectivos de desvio que, para as autoridades locais do Reino Unido, podem resultar em penalizações financeiras significativas.

Além disso, a fim de evitar a deposição em aterro, a opção de tratamento mais óbvia é a incineração, mas devido à imagem negativa desta abordagem e à consequente dificuldade em implementar estratégias baseadas na incineração, os países querem considerar a possível utilização de tecnologias alternativas, mesmo que decidam posteriormente adotar a incineração.

CAPÍTULO 2

2. O funcionamento de um tratamento mecânico biológico

2.1 Um tratamento mecânico biológico como sistema de base da gestão de resíduos

Muitos países, enquanto Estados-Membros, são obrigados a cumprir as obrigações da UE. O anterior sistema de gestão de resíduos não era muito eficaz. Não existia um sistema de reciclagem adequado e a massa de resíduos depositados em aterros estava a aumentar constantemente. Além disso, a aproximação da data de cumprimento das obrigações da UE revelou que o assunto era realmente sério e exigia soluções rápidas. De acordo com a lei, a reciclagem é a prioridade, enquanto a eliminação é o último recurso.

O objetivo é maximizar a recuperação de materiais e energia dos resíduos, a fim de obter a qualidade necessária para a reciclagem. Para atingir este objetivo, a recolha selectiva de algumas fracções é essencial. No entanto, os resíduos que não são objeto de recuperação devem ser submetidos a um tratamento mecânico biológico numa empresa de gestão de resíduos antes de serem finalmente enviados para eliminação. As empresas devem fornecer, pelo menos, o seguinte âmbito de serviços: processamento mecânico e biológico ou térmico de resíduos urbanos mistos e de resíduos da unidade de triagem,

- eliminação dos resíduos urbanos mistos tratados,
- compostagem de resíduos verdes,
- triagem de algumas fracções de resíduos urbanos recolhidos seletivamente (a título facultativo)
- instalação de desmantelamento de resíduos de grandes dimensões (a título facultativo),
- instalação de reciclagem de resíduos de equipamentos eléctricos e electrónicos (opcional).

2.2 Tratamento mecânico biológico (TMB)

A TMB resulta da experiência alemã na compostagem de resíduos urbanos mistos. Na década de 1970, foram criados vários projectos-piloto cujo objetivo era processar os resíduos aplicando métodos mecânicos e biológicos antes da sua eliminação, a fim de reduzir os seus efeitos nocivos no ambiente. As primeiras gerações de TMB eram instalações de triagem muito simples relacionadas com pilhas de compostagem, nas quais os resíduos eram preparados para serem depositados [. | cdrczak 2007].

Vale a pena mencionar que o sistema MBT tem processado ativamente fracções de resíduos biodegradáveis há mais de dez anos: não se trata de uma tecnologia nova no sentido estrito do termo. Assim, as tecnologias de tratamento mecânico-biológico têm atraído um interesse considerável nos últimos anos. A esperança é que esse sistema possa reduzir a dependência da sociedade em relação à terra e, ao mesmo tempo, evitar a necessidade de incineração. No entanto, à medida que o interesse pelas TMB aumentou, surgiram pontos de vista contraditórios sobre a sua adequação para esse fim.

Vale a pena referir que a TMB é amplamente aplicada na Europa. Parece que, atualmente, um número significativo de instalações de TMB está a ser construído, desenvolvido e modernizado de acordo com a Lei de Gestão de Resíduos e os regulamentos relevantes dos planos provinciais de gestão de resíduos.

O que é a MBT?

O "M" significa Mechanical (mecânico) e refere-se a tecnologias de triagem, separação, redução de tamanho e peneiração em configurações variáveis para conseguir uma separação mecânica de fracções de resíduos em produtos potencialmente úteis e/ou fluxos adequados para processamento biológico.

O "B" significa Biológico e refere-se a um processo biológico aeróbio ou anaeróbio que converte a fração biodegradável dos resíduos num produto semelhante a um composto e, no caso do processo de corporização (digestão anaeróbia), em biogás.

O "T" significa Tratamento e está relacionado com o facto de os elementos do processo poderem ser integrados para criar um processo MBT.

O processo biológico pode ser colocado antes do mecânico. Neste caso, o processo é por vezes referido como um processo BMT. A variante mais comum deste processo é conhecida como bio-secagem.

A principal função do tratamento mecânico é a separação dos fluxos de materiais para posterior tratamento biológico, reciclagem ou recuperação de energia. O tratamento biológico é realizado em processos de apodrecimento (canais ou leiras) ou em etapas de digestão (digestão seca e húmida). O produto final é um material que pode ser depositado em aterro (material a depositar em aterro) e a secagem biológica de estabilização para os resíduos sólidos totais. A entrada total de resíduos é utilizada para gerar resíduos de elevado valor calorífico, minimizando simultaneamente o fluxo de materiais a depositar em aterro. A TMB abrange uma vasta gama de actividades e tecnologias para tratar os resíduos residuais, ou seja, os resíduos que não foram separados para reciclagem ou compostagem. Tal como o nome explica, é composta por uma parte mecânica em que os resíduos são separados mecanicamente para recuperar os materiais recicláveis e uma parte biológica para compostar ou digerir a fração orgânica.

Quais são os objectivos da MBT?

- Ajudar a cumprir os objectivos de desvio de aterros
- Aumentar o desempenho da reciclagem
- Reduzir a necessidade de incineração
- Melhorar a qualidade do produto
- Evitar a separação das fontes

- Minimizar o custo do tratamento de resíduos

Além disso, os três principais produtos de uma instalação de TMB são os recicláveis, tais como :

- resíduos de embalagens que podem ser enviados para reciclagem
- solo de baixa qualidade a parte biologicamente estabilizada é utilizada para a recuperação de terras, quase nunca para a agricultura
- CDR (Combustível Derivado de Resíduos), que é uma mistura de materiais com um poder calorífico homogéneo para queimar em incineradores ou em alguns fornos de cimento.

Os inconvenientes da TMB são a má qualidade do composto que produzem, quase sempre demasiado poluído para ser aplicado como corretivo do solo. Consequentemente, algumas autoridades vêem a TMB como uma forma de atingir as taxas de reciclagem sem reciclagem efectiva e a produção de CDR destinado a ser queimado em incineradores e fornos de cimento.

Existem muitas estratégias de TMB. As mais comuns são as oito opções mais frequentemente aplicadas (Quadro 1) (Bialowiec, Wojnowska-Baryla 2012).

Tabela 1. Objectivos e elementos básicos das instalações de TMB.

Não	**Tipos de opções de TMB**	**Objectivos da TMB opções**
1	Estabilização de resíduos antes da eliminação dos resíduos urbanos	Redução da suscetibilidade para decomposição biológica e recuperação de

alguns resíduos recicláveis

2 Compostagem de resíduos Receção de composto
materiais e recuperação de
alguns resíduos recicláveis

3 Produzir não elegível Receber tipo composto
composto material de compostagem e recuperação de
alguns resíduos recicláveis

4 RDF (Alternativa de produção derivada de resíduos)
Combustível) produção de combustível a partir de
fracções leves de resíduos e recuperação de
alguns resíduos recicláveis

5 SRF (Sólido Recuperado Alternativa de produção

Combustível) produção de combustível a partir de
fracções de resíduos orgânicos leves e de processos
de biodigestão e recuperação de alguns resíduos
recicláveis

6 Suporte térmico Aumento do valor calórico
instalações de eliminação valor dos resíduos
enviados para instalações de eliminação térmica e
recuperação de alguns resíduos recicláveis

7 Produção de biogás Produção e energia
recuperação de biogás
produzido em condições de ausência de oxigénio
condições de ausência de oxigénio e
recuperação de alguns
resíduos recicláveis

8 Biogás e composto Produção e energia
produção abaixo da recuperação de biogás os

requisitos produzidos em condições de ausência de oxigénio, recebidos de resíduos de digestores com propriedades semelhantes às do composto e recuperação de alguns resíduos recicláveis

2.2.1 *Processamento mecânico*

A triagem mecânica é a primeira etapa da TMB, seguida da estabilização biológica das fracções orgânicas emitidas.

Os processos mecânicos incluem a redução do tamanho, a peneiração, a triagem, a classificação e a separação. Supõe-se que conduz à separação mecânica dos fluxos de resíduos em fracções que serão parcial ou totalmente adequadas para utilização material e energética e em fracções biodegradáveis para processamento biológico em condições aeróbias e sem oxigénio [Rosik-Dulewska 2015].

O processamento mecânico de resíduos baseia-se na triagem de resíduos urbanos mistos em, pelo menos, duas fracções granulométricas [. | cdrczak, Szpadt 2008]:

- a fração remanescente na peneira (fracções de malha) - altamente calórica, da qual são separados alguns resíduos recicláveis, e a parte restante será enviada para processamento posterior para receber combustível alternativo.
- A fração subsalina (peneirada) é enviada integralmente para o tratamento biológico.

Linha de processamento mecânico para a seleção de

- resíduos urbanos mistos
- resíduos recicláveis provenientes da recolha selectiva de resíduos na fonte.

A tecnologia aplicada permite

- selecionar os resíduos recicláveis de base do fluxo de resíduos mistos,
- limpar os resíduos da recolha selectiva,
- emitir matérias orgânicas da fração de cerca de 0-80 mm de dimensão como material para o processo de estabilização
- isolar o balastro para despejo.

2.2.2 *Tratamento biológico (compostagem)*

Como a Polónia tem de cumprir os requisitos impostos pelos regulamentos da UE relativos à redução de resíduos biodegradáveis destinados a aterros, o processamento biológico da fração orgânica emitida pelos resíduos urbanos mistos parece ser essencial. Os dois métodos seguintes são aplicados no tratamento biomecânico:

- compostagem/digestão aeróbia das lamas (método aeróbio)
- fermentação (método anaeróbio)

A compostagem de resíduos é um método baseado em reacções bioquímicas naturais que ocorrem no solo (mineralização, humidificação) intensificadas em condições artificiais óptimas que permitem controlar os processos. A compostagem tem lugar com a participação de numerosos grupos de microrganismos. Trata-se essencialmente de um processo aeróbio.

A compostagem consiste em duas fases:

- fase 1: compostagem termofílica, também conhecida como compostagem intensiva ou fase de alta temperatura
- fase 2 da compostagem mesófila também conhecida como maturação.

A duração de cada fase depende da composição da biomassa e da tecnologia aplicada. A mineralização aeróbia é um processo exotérmico e a intensidade da decomposição depende da suscetibilidade dos compostos à decomposição.

Eis as vantagens da compostagem/estabilização aeróbia que a tornam tão importante no sistema moderno de gestão de resíduos:

- a compostagem garante a inofensividade dos resíduos no que respeita aos aspectos sanitários e epidemiológicos.
- estima-se que, aplicando a compostagem e outros métodos de tratamento biológico, é possível reduzir em 30-50 % o fluxo para os aterros

- as tecnologias de compostagem são relativamente fáceis de operar

- a compostagem é aprovada do ponto de vista económico, tanto no que diz respeito aos custos de capital como de manutenção

- os produtos de compostagem são e podem ser materiais valiosos utilizados para muitos fins, por exemplo, uma base para substâncias húmicas essenciais para a fertilidade do solo.

- a compostagem constitui um elemento básico de qualquer sistema integrado de gestão de resíduos

Esquema de MBT

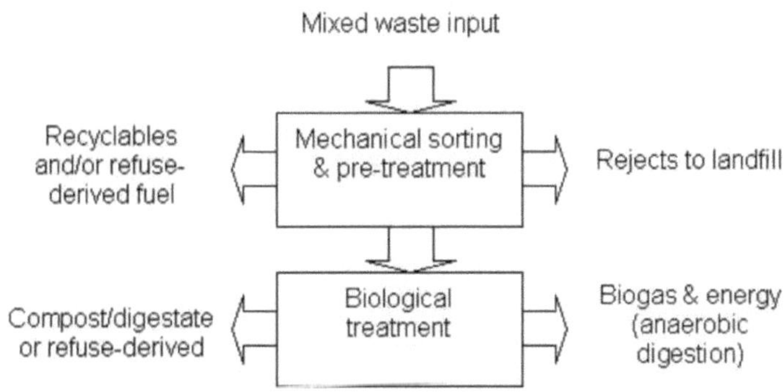

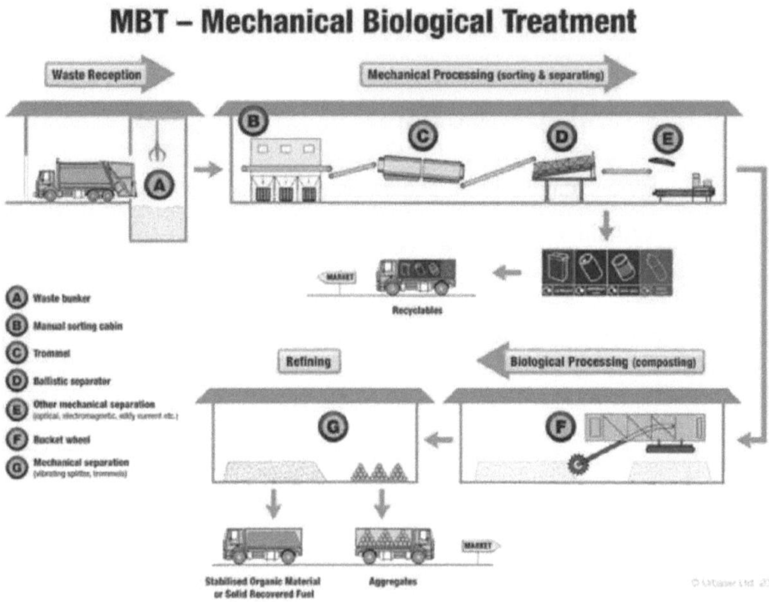

2.2.3 Produto da MBP

Os produtos finais são o resultado de um tratamento biológico:

- estabilizador 19 05 09 utilizado em trabalhos de recuperação,

- Composto 19 05 03 utilizado na agricultura (após testes laboratoriais anteriores), mas diz respeito apenas a resíduos verdes e a fracções orgânicas de tipo biológico após recolha selectiva,

- balastro 19 12 12 utilizado para eliminação em aterro.

O principal objetivo da compostagem é tornar os resíduos inofensivos no que diz respeito aos aspectos sanitários e epidemiológicos (higienização) e à estabilização dos materiais compostos. O composto ou estabilizador é o principal produto que pode e deve ser utilizado.

O composto (estabilizadores) recebido de um fluxo misto de resíduos é de pior qualidade. Está mais poluído com plástico e vidro e contém mais metais pesados do que o composto proveniente da recolha selectiva de resíduos orgânicos.

Tendo em conta o acima exposto, o composto pode ser utilizado como fertilizante orgânico na engenharia agrícola ou na recuperação de terrenos. No entanto, a implementação de um programa de compostagem é um processo complexo, dispendioso e moroso. Além disso, a sua gestão está a tornar-se cada vez mais problemática. Isto significa que, a fim de proteger o solo contra a poluição, tiveram de ser implementados requisitos muito rigorosos sobre o teor de substâncias perigosas em todos os materiais, incluindo o composto. Trata-se principalmente do teor de metais pesados e de alguns poluentes orgânicos.

Vale a pena recordar que os requisitos relativos ao composto variam nos diferentes países. Além disso, na maioria dos países, as normas em vigor dividem o composto em classes que definem o seu objetivo e aplicabilidade em função dos seus componentes.

Utilizar o produto sólido como composto

Há cinco razões principais para este facto:

Em primeiro lugar: os utilizadores de composto reagem muito negativamente se virem qualquer contaminação visual nos produtos, por exemplo, de plástico. A experiência em vários países europeus demonstrou que os produtos que contêm quantidades visíveis desses materiais estranhos têm grande dificuldade em encontrar mercados a longo prazo como composto

Em segundo lugar, os utilizadores e as entidades reguladoras estão também preocupados com a possibilidade de impactos ambientais e sanitários que possam ser causados pela contaminação do solo decorrente da presença de metais pesados e outros contaminantes que se encontravam nos resíduos de entrada.

Em terceiro lugar, a indústria alimentar está a utilizar o seu poder de compra para desencorajar a aplicação de qualquer composto que possa conter resíduos de cozinha em pastagens e/ou terrenos utilizados para o cultivo de culturas alimentares. Assim, para manter a confiança dos consumidores, estes podem optar por não comprar produtos provenientes de terrenos onde tenham sido utilizados CLO de instalações de TMB, o que reforça a relutância dos agricultores em considerar a utilização desse material.

Quarto: no contexto do reforço da confiança dos utilizadores. A norma de qualidade exige que os produtos de compostagem sejam provenientes exclusivamente de resíduos verdes para serem certificados.

Finalmente, a quantidade de composto de resíduos verdes aumentará significativamente. Parece que o aumento da compostagem centralizada de resíduos de jardim irá aumentar o seu desempenho em relação aos objectivos de reciclagem.

2.2.4 . Efeitos (vantagens) da TMB

Os efeitos básicos da MBT são os seguintes: :

- Estabilização. Há sempre resíduos no TMB que precisam de ser eliminados. No processo, formam-se novos resíduos - composto estabilizado. O objetivo da estabilização é a minimização do impacto dos resíduos orgânicos tratados no ambiente. De acordo com a investigação de Stegmann, a compostagem intensiva de resíduos permite reduzir a emissão de gases de aterro e de azoto nos lixiviados, se a compostagem de resíduos for gerida corretamente, até 89-90% em comparação com a emissão de resíduos não tratados [Sidelko, Szymanski i inni 2012].

O composto também é suscetível de ser criado durante o processo, se for de qualidade adequada (classificado de acordo com os regulamentos vinculativos como um fertilizante orgânico), então pode ser aplicado como um fertilizante para o melhoramento do solo (na agricultura).

- Redução do fluxo de resíduos por emissão mecânica de fracções utilizáveis e energéticas. As instalações de TMB contribuem para o aumento da quantidade de material reciclável e para a redução da massa de resíduos depositados em aterro (de 30% a 50%) [Suchowska-Kisielewicz 2011]. Se a fração subserviente for submetida ao tratamento térmico dos resíduos, o aterro pode ser aliviado em até 70%.

- O aumento da suscetibilidade dos resíduos após o tratamento biológico à compactação em aterros (permite poupar até 60% da capacidade do aterro).

Os benefícios ambientais :

Conseguir um desvio considerável da deposição em aterro

- Redução da dependência de combustíveis fósseis caros e finitos
- Redução da pegada de carbono.
- Substitui os combustíveis fósseis e as emissões de CO2 que lhes estão associadas
- Produzir um combustível sólido recuperado alternativo reconhecido pela EPA
- Elevado poder calorífico - uma tonelada de carvão equivale a cerca de uma tonelada e meia de carvão de pedra de construção
- Fabricado a partir de fornecimentos consistentes e sustentáveis de RSU
- Pode ser enfardado, compactado ou expedido a granel, consoante as necessidades do cliente
- A TMB é uma opção fiável e de baixo custo no âmbito dos processos de valorização de resíduos

- É particularmente adequado nos países desenvolvidos, onde ainda existem capacidades de deposição em aterro e as emissões devem ser reduzidas
- É uma opção de baixo custo para permitir o tratamento de mais resíduos numa instalação de incineração existente
- É um instrumento excelente e económico nos países em desenvolvimento, onde a maior parte dos resíduos (ricos em matéria orgânica) continua a ser depositada em

aterros

- É um excelente meio de produção de corretivos do solo para zonas áridas

A quantificação dos benefícios é:

- Um combustível sustentável com 77% de CO_2 em comparação com o carvão
- Teor de humidade de 20%
- Aproximadamente 60% da energia do SRF é derivada de biomassa neutra em carbono

Municípios e operadores de aterros privados sem capacidade de aterro

-Municípios e operadores de aterros privados que estão a enfrentar problemas de aterros em fim de vida

- Empresas de transporte procuram estabelecer parcerias para oferecer uma alternativa à deposição em aterro

2.2.5 **MBT - as mais recentes soluções tecnológicas**

O tratamento mecânico biológico (TMB) deve ser efectuado de acordo com as técnicas/tecnologias mais recentes.

- Tecnologia BAT

- Programa "Zero resíduos

1. Tecnologia BAT

A tecnologia MTD garante que os resíduos são tratados de forma a que, uma vez eliminados, não constituam uma ameaça (serão amigos do ambiente). Os requisitos das melhores técnicas disponíveis (MTD) para as instalações de gestão de resíduos (incluindo a TMB) foram definidos num documento de referência "Reference Document on Best Available Techniques for the Waste Treatment Industries"

(Documento de referência sobre as melhores técnicas disponíveis para as indústrias de tratamento de resíduos), publicado em agosto de 2006 (que está em vigor em todos os Estados-Membros da UE).

O documento acima mencionado introduz uma série de sugestões, recomendações ou requisitos que definem o nível das melhores técnicas disponíveis BTA para instalações de tratamento biológico mecânico, incluindo

- indica que existem dois tipos básicos de instalações no referido projeto:

1. um sistema fechado de bioreactores (túneis, contentores)
2. tecnologia de estacas num sistema fechado

- define os tipos de resíduos recomendados para tratamento e fermentação
- descreve uma série de acções essenciais para manter o nível recomendado da tecnologia de TMB, incluindo a monitorização da qualidade e a purificação do ar dos resíduos, a gestão dos lixiviados, a prevenção da formação de condições anaeróbias nos resíduos tratados, o isolamento térmico dos edifícios destinados à compostagem em pilha
- foi especificada uma série de requisitos gerais e pormenorizados das melhores técnicas disponíveis para as instalações de TMB, desde uma descrição da gestão da instalação até aos requisitos dos segmentos que aceitam e tratam os resíduos, à monitorização do processo e aos valores-limite das emissões de poluentes para a atmosfera.

Tendo em conta o que precede, as instalações de tratamento biológico mecânico devem satisfazer os seguintes critérios

- Atualização do tratamento mecânico biológico por..:
    - aplicação de bioreactores totalmente fechados,
    - evitar condições anaeróbias durante o tratamento aeróbio, controlando o processo de fermentação e o fornecimento de ar (utilizando um circuito de ar

estabilizado) e ajustando o arejamento à atividade real de biodegradação,

- gestão eficaz da água,
- isolamento térmico do teto da sala de degradação biológica durante os processos aeróbios,
- minimizar a produção de gás para o nível de 2500 a 8000 Nm^3 por tonelada,
- fornecendo uma entrada de material uniforme,
- reciclagem da água do processo ou dos resíduos de lamas no âmbito do processo aeróbio, a fim de evitar totalmente a emissão para a água. Se forem geradas águas residuais, estas devem ser tratadas de modo a atingir os valores previstos nas MTD,
- aprendizagem constante sobre a ligação entre variáveis controladas de degradação biológica e emissões intencionais (gás),
- redução das emissões de compostos azotados através da otimização da relação C:N.

- Reduzir as emissões do tratamento mecânico biológico para os seguintes níveis:
  - fetores a 500-6000 (unidades de referência/m^3),
  - NH_3 para 1-20 (mgNH√m^3),
  - poeira para 5-20 (mg/m^3)

através da aplicação de uma combinação adequada das seguintes técnicas: manutenção de uma gestão correta, oxidante térmico regenerativo, despoeiramento.

- Reduzir as emissões de água para os níveis indicados nas MTD.

Além disso, reduz a emissão de azoto total, amoníaco, nitratos e nitritos para a água.

2. Ideia "Zero Resíduos".

Muitas cidades construíram Instalações de Tratamento Mecânico Biológico (TMB) durante a última década com o objetivo de reduzir os resíduos a serem finalmente depositados em aterros ou queimados. Os resultados dependem de cada caso, mas é evidente que o TMB, por si só, não é a solução para nada. No entanto, pode desempenhar um papel em estratégias transitórias para reduzir os resíduos residuais sem ter de depender de opções indesejáveis mais dispendiosas, como a incineração. Uma estratégia ideal de resíduos zero bem concebida não deveria necessitar de TMB.

TMB e resíduos zero

Uma estratégia de Zero Resíduos significa que os resíduos devem ser evitados e a separação na fonte deve ser maximizada. Se todos os produtos no mercado fossem recicláveis e devidamente recolhidos separadamente, não haveria resíduos e, por conseguinte, não haveria necessidade de TMB. Se a TMB tem lugar numa estratégia "Zero Resíduos" é apenas quando se trata dos actuais 20-30% do total de resíduos sólidos urbanos que não podem ser separados na fonte e recolhidos. Nestes casos, a TMB pode ser uma solução temporária, mas tendo sempre em mente o objetivo de continuar a minimizar os resíduos.

De facto, o verdadeiro nome da TMB numa estratégia de Zero Resíduos seria uma combinação de um Centro de Recuperação de Materiais com um Centro de Investigação Zero Resíduos. Nestas instalações, os materiais recuperáveis são recuperados e os poucos resíduos que restam são estabilizados de modo a poderem ser depositados em segurança em aterros, depois de passarem pelo Centro de Investigação "Zero Resíduos", que analisa os defeitos de conceção, a fim de trabalhar a montante para os tornar recicláveis no futuro.

Um dos pilares da iniciativa "Zero Resíduos" é a separação na fonte dos produtos orgânicos - a única forma de obter um composto limpo e de alta qualidade - e a experiência prova que esta separação não pode ser substituída pela TMB.

Infelizmente, não existe legislação europeia que exija a recolha separada de produtos orgânicos e, por conseguinte, a política europeia de resíduos continua a não ter um motor que provavelmente tornaria desnecessária a TMB. No entanto, um número crescente de municípios "Zero Resíduos" está a proceder à recolha separada de biorresíduos e de outras fracções de resíduos e já atinge taxas de valorização elevadas.

Quanto mais separação na fonte, menos separação é necessária no final (TMB) e menos instalações de eliminação (aterros e incineradoras) são necessárias!

CAPÍTULO 3

3. MBT - função no mundo

A maioria das instalações com tecnologia MBT atualmente em funcionamento foi planeada entre 2001 e 2005. No entanto, o número de instalações de tratamento mecânico-biológico de resíduos na Europa aumentou cerca de 60 % entre 2005 e 2011, passando para mais de 330 instalações. De um modo geral, o tempo disponível para a sua realização foi comparativamente curto. A partir de meados de 2005, as instalações de TMB têm de dar provas no mercado e cumprir os elevados requisitos. Neste contexto, as instalações com tecnologia MBT foram e são continuamente optimizadas ao longo dos últimos 6 anos, os problemas iniciais são resolvidos e os conceitos de processo adaptados às condições de enquadramento em mudança no mercado de resíduos. Entretanto, as instalações com tecnologia MBT atingiram um elevado padrão de processamento e tornaram-se uma pedra angular importante na gestão de resíduos

Em países como a Alemanha, a Áustria e a Itália, onde o tratamento mecânico-biológico de resíduos tem uma tradição mais longa, uma parte relativamente maior da população está ligada a sistemas de TMB do que noutros países da UE. Estes países apresentam capacidades de tratamento correspondentemente mais elevadas, enquanto a Itália tem a maior capacidade de tratamento em todo o mundo.

Os requisitos da TMB decorrentes da aplicação definitiva da Diretiva-Quadro da UE relativa aos resíduos nos Estados-Membros conduzirão a uma alteração dos resíduos produzidos em termos de quantidade e qualidade e da sua localização, que é atualmente difícil de avaliar. Assim, a TMB deve e irá desafiar a concorrência em torno das quantidades e qualidades dos fluxos de materiais. Para
O exemplo da redução da quantidade de matérias orgânicas em 65% levou à introdução de diferentes parâmetros e valores-limite em alguns países da UE para a avaliação da estabilidade das matérias orgânicas tratadas. No entanto, nem todos os países da UE

adoptaram normas próprias na sua legislação nacional para aplicar os requisitos da Diretiva Aterros. Estes países voltam frequentemente aos valores-limite e parâmetros do documento de trabalho sobre o tratamento biológico dos resíduos biológicos, sendo que na Alemanha e na Áustria os valores-limite a manter são essencialmente mais exigentes.

o de fluxo de massa com tratamento e utilizaça Por exemplo, na Europa, os resíduos são tratados com a tecnologia MBT, que oferece uma posição de partida ideal como ponto de mudança da separação do fluxo de massa com tratamento e utilização eficientes do ponto de vista energético dos fluxos parciais. A gestão de resíduos pode contribuir para isso através de uma recuperação material e energética dos resíduos por meio da otimização das instalações de tratamento de uma forma eficiente em termos energéticos.

Em muitos casos, já foram realizados ou estão a ser realizados. Neste ponto, são abordados os desenvolvimentos actuais nas áreas de entrada de instalações, pré-tratamento mecânico, tratamento biológico, purificação do ar de exaustão, resíduos residuais e os tópicos de proteção climática, eficiência energética e rentabilidade.

Alemanha

Desta forma, as instalações com tecnologia MBT na Alemanha são capazes de fornecer boas qualidades constantes para as mais diferentes aplicações (centrais eléctricas a carvão, cimenteiras ou centrais eléctricas a combustível derivado de resíduos RDF). Isto também é importante, uma vez que a utilização energética de alta qualidade do CDR é de importância decisiva para a avaliação global ecológica do conceito individual de TMB. Apesar disso, em quase todas as instalações com tecnologia TMB na Alemanha, verifica-se a necessidade de uma maior otimização das fases de pré-tratamento mecânico, a fim de melhorar a qualidade dos produtos de pré-tratamento e de aumentar a economia do pré-tratamento (redução do consumo de energia, desgaste, etc.). Durante os primeiros anos de funcionamento, muitas instalações com tecnologia TMB optimizaram especialmente o tratamento biológico, ou seja, reduziram o tempo de tratamento para produzir um material adequado para ser depositado em aterro.

Desenvolvimento, situação e perspetiva da TMB Em poucos anos, a tecnologia da TMB na Alemanha atingiu um elevado nível de desenvolvimento e esta experiência tem de ser aplicada nos países estrangeiros de forma adaptada durante os próximos anos. Numa abordagem simplificada, podem distinguir-se dois grupos de países. Por um lado, trata-se dos países que já dispõem de um sector de gestão de resíduos em bom funcionamento.

Os países da UE que já adoptaram normas semelhantes de TMB no tratamento de resíduos (por exemplo, a Áustria), mas também os novos e alguns dos antigos países da UE com uma gestão de resíduos ainda numa fase inicial. Neste caso, os conceitos de gestão de resíduos optimizados e específicos do fluxo de materiais, com uma solução integrada de TMB, podem dar um contributo essencial para um desenvolvimento sustentável. O processamento de combustíveis derivados de resíduos e a sua recuperação energética ecologicamente viável é cada vez mais a tónica principal.

França

A França é um dos poucos países da UE que não promove a recolha selectiva de resíduos biológicos, não seguindo assim as abordagens europeias. A França ainda utiliza composto e digerido de resíduos mistos na agricultura e na vinicultura. Através da preparação mecânica extensiva, os compostos devem ser produzidos com um baixo teor de matérias nocivas e com a correspondente elevada qualidade. Devido a este pressuposto, a recolha selectiva em França é considerada desnecessária.

Grã-Bretanha

A responsabilidade pela eliminação dos resíduos no Reino Unido é delegada, em primeira instância, ao nível municipal, o que constitui uma diferença essencial em relação a outros países da UE, cuja legislação nacional é da maior importância. As autoridades locais decidem, nomeadamente, quais os métodos de tratamento dos resíduos domésticos que devem ser aplicados. Além disso, são responsáveis pelo cumprimento dos objectivos vinculativos da diretiva comunitária relativa à deposição em aterro .

O mercado dos resíduos no Reino Unido é um dos mais dinâmicos da Europa. Poucas instalações de tratamento mecânico e biológico de resíduos estão a funcionar no Reino Unido. Especialmente durante os últimos anos, o método de tratamento de resíduos residuais foi impulsionado não só devido à falta de aceitação por parte da população britânica das instalações de incineração de resíduos, mas também devido aos desenvolvimentos e requisitos a nível europeu. Atualmente, são necessárias mais de 70 instalações de tratamento de resíduos (TMB, instalações de incineração), existindo planos definitivos para 25 instalações de tratamento mecânico e biológico de resíduos.

Itália

O tratamento mecânico biológico de resíduos em Itália tem uma longa tradição. A Itália é o país com mais estações de tratamento mecânico biológico de resíduos e com a maior capacidade de tratamento. No total, estão em funcionamento 133 instalações com capacidades de tratamento aprovadas, sendo que a capacidade exacta diverge da aprovada. As razões são, por um lado, medidas de reconstrução e revisões e, por outro lado, muitas instalações são modificadas para o tratamento de resíduos biológicos recolhidos separadamente.

A Itália é um dos poucos países europeus que exportam tecnologia MBT. Existem exemplos em Sydney e Abu Dhabi. Em Itália, foram realizados conceitos de TMB muito exigentes, muitos dos quais foram encerrados devido à falta de aceitação por parte da população. Atualmente, a redução de volume nos conceitos de TMB é a principal preocupação. Para este efeito, são aplicados tipos de instalações convencionais com separação da fração de alto poder calorífico e o tratamento aeróbio da parte orgânica nos processos de compostagem. Além disso, muitas instalações foram equipadas nos últimos anos com etapas de fermentação a seco. A fração orgânica gerada após a preparação e o tratamento é posteriormente enviada para aterros. É necessário obter uma autorização individual para aplicar o material em decomposição da TMB na agricultura, uma vez que as autoridades legais só permitem esta aplicação no solo em casos especiais. Em geral, os agricultores preferem o composto de resíduos biológicos produzido em abundância, ou seja, o material de TMB destina-se principalmente a medidas de recuperação.

Áustria

A Áustria implementou os requisitos da diretiva europeia relativa à deposição de resíduos em aterros em 2004, através de uma portaria nacional sobre aterros. A fim de normalizar as instalações e a tecnologia e simplificar o processo de aprovação para todas as partes envolvidas, já em 2002 foi adoptada a diretriz para um tratamento mecânico biológico dos resíduos. Na Áustria, estão atualmente em funcionamento 16 instalações de tratamento de resíduos biológicos mecânicos e estão planeadas duas. O tratamento dos resíduos aceites é exclusivamente aeróbio, pelo que cerca de 45 % deste fluxo de resíduos é separado como resíduos de elevado valor calorífico

Espanha

Em Espanha, as instalações de TMB foram designadas ecoparques e estão em funcionamento há 10 anos. Embora tenham conseguido reduzir consideravelmente a quantidade de resíduos enviados para aterros e estejam a recuperar materiais para reciclagem, é um facto que destas instalações não saiu qualquer composto de boa qualidade, ao passo que a sua produção de CDR aumentou. De facto, após todos os investimentos dispendiosos em TMB, a cidade de Barcelona acabou por implementar a recolha selectiva de orgânicos depois de se ter apercebido de que a única forma de obter um bom composto é com a contribuição proveniente da separação na fonte dos resíduos biológicos.

Estão em construção mais duas instalações de TMB e cinco instalações estão em fase de planeamento. Em comparação com outros países, a Espanha possui a maior parte das instalações de digestão de resíduos. A recolha selectiva é efectuada principalmente no Norte do país (por exemplo, na Catalunha), o que resulta na produção de fertilizantes de alta qualidade, ao passo que outras regiões não o fazem. Nestas regiões, a aplicação agrícola dos compostos de resíduos mistos é comum, com normas de qualidade.

Polónia

Tendo em conta o que precede, as instalações de TMB na Europa funcionam como locais fundamentais para o "processamento" de resíduos urbanos mistos antes da sua eliminação. A Polónia também se juntou a países como a Alemanha e a Áustria, que se orgulham de aplicar a taxa mais elevada de métodos de TMB na União Europeia. As instalações acima mencionadas funcionam numa área habitada por pelo menos 120 mil pessoas, enquanto as instalações de eliminação térmica são recomendadas para áreas habitadas por mais de 300 mil pessoas.

Atualmente, as instalações de TMB constituem, juntamente com as instalações de eliminação térmica, o esqueleto do sistema de gestão de resíduos na Polónia. Tendo em conta as restrições legais à eliminação de resíduos, os níveis cada vez mais elevados de reciclagem de embalagens todos os anos e a potência insuficiente das instalações térmicas para o processamento de resíduos, parece que os factores acima referidos significam que as instalações de TMB servirão como solução fundamental para o sistema de gestão de resíduos na Polónia durante muito tempo.

Atualmente, um número significativo de instalações de TMB está a ser construído, desenvolvido ou modernizado na Polónia, de acordo com os requisitos legais. No entanto, as soluções de sistema variam consoante as condições locais e a tecnologia aprovada. As instalações existentes em Tychy, Opole e Gdansk podem servir como um bom exemplo disso.

- MBT em Tychy

Desde novembro de 2014, está a funcionar na Europa uma das mais modernas instalações de TMB, graças à aplicação da mais recente tecnologia de triagem de resíduos, incluindo separadores optoelectrónicos e balísticos (oito separadores modernos) e à aplicação de tecnologia biodegradável de digestão anaeróbia com recuperação de metano.

A unidade tem o estatuto de uma instalação regional de TMB para o tratamento mecânico e biológico de resíduos urbanos mistos. É constituída por uma parte mecânica e biológica e por instalações de acompanhamento essenciais para o seu funcionamento. A unidade é totalmente automatizada, o que significa que todos os resíduos (de grandes dimensões, verdes, separados e não separados) são primeiro enviados para a unidade de triagem mecanizada, equipada com linhas de produção modernas, e depois da seleção inicial passam por peneiras e diferentes tipos de separadores, que recolhem tudo o que é adequado para recuperação e reciclagem (ou seja, papel, plástico, vidro e metal, resíduos verdes) e também separam a alimentação para a produção de combustível alternativo (ou seja, iogurte, natas, embalagens de agentes químicos).

Em vez da compostagem de resíduos mistos, estes são submetidos a processos de digestão anaeróbia em câmaras de digestão fixas horizontais. A digestão de resíduos biodegradáveis leva à produção de biogás, que consiste principalmente em 55% de CH4 e CO_2. O metano é o gás que permite obter o efeito energético. O metano que é emitido para o ambiente tem uma influência 20 vezes mais nociva no efeito de estufa do que o vulgarmente conhecido dióxido de carbono. Por isso, é muito importante gerir e reduzir a sua emissão para a atmosfera. O biogás que é recuperado neste processo é utilizado para a produção de energia térmica e eléctrica para as necessidades da fábrica. O excedente é vendido à rede municipal.

A fábrica gere todos os resíduos urbanos de uma forma complexa, incluindo:

- fracções de matérias-primas (ou seja, papel, vidro, plástico, metal) para as enviar para reciclagem e produção de CDR,
- fração biológica submetida a digestão anaeróbia,
- fração verde em processo de compostagem,

- os detritos serão tratados (excluídos da deposição em aterro) e utilizados para a construção de estradas de acesso e de alojamentos

- os resíduos de grandes dimensões serão utilizados para a produção de CDR, - os resíduos perigosos serão enviados para valorização.

A fábrica acima mencionada orgulha-se dos seus elevados padrões ambientais, nomeadamente:

- a redução da participação dos resíduos depositados em aterros em relação ao admitido é de aproximadamente 49%,

- redução de cerca de 69% da massa de resíduos biodegradáveis enviada para aterro,

- um elevado nível de recuperação de materiais reciclados de, pelo menos, 50% - papel, vidro, plástico, metal,

- a aplicação da tecnologia de digestão de resíduos biodegradáveis contribuirá para a produção de energia eléctrica e térmica renovável,

- produção de combustível alternativo (CDR),

- produção de composto feito de resíduos verdes e estabilização para recuperação de áreas pós-industriais e materiais bio-secos,

- produção de agregados de construção,
- produção de composto e fertilizantes.

Tendo em conta os factos acima referidos, a fábrica cumpre as normas "alvo" no que diz respeito aos níveis de reciclagem. (Análise do estado da gestão de resíduos urbanos para o ano de 2014 em Tychy).

MBT em Gdansk

Os resíduos municipais de Gdansk são enviados para a instalação regional de tratamento de resíduos municipais.

A instalação regional de tratamento de resíduos urbanos está equipada com instalações de tratamento mecânico e biológico de resíduos urbanos (TMB). É constituída pelos seguintes elementos:

- instalação de triagem de resíduos urbanos mistos e de matérias-primas,
- compostagem de resíduos biodegradáveis,
- aterro para resíduos perigosos e neutros,
- uma unidade de desmontagem de resíduos de grandes dimensões,
- uma unidade de recolha e armazenagem de resíduos perigosos ,
- uma unidade de recolha e desmantelamento de resíduos de construção.

De acordo com o método aprovado de recolha e tratamento de resíduos acima referido, foram atingidos os níveis-alvo de redução da massa de resíduos biodegradáveis enviados para aterro e os níveis de reciclagem, preparação de fracções de resíduos urbanos para reutilização, ou seja, papel, metal, plástico e vidro. (Análise do estado da gestão dos resíduos urbanos para o ano de 2014 em Gdansk).

MBT em Opole

Em dezembro de 2014, foi concluído o desenvolvimento da instalação de TMB. O desenvolvimento abrangeu a parte mecânica (que consiste numa instalação de triagem de resíduos urbanos misturada com uma linha de produção de combustível alternativo) e a parte biológica, através da construção de uma instalação de compostagem em túnel que substitui a antiga compostagem em pilha.

Atualmente, as instalações incluem o seguinte:

- compostagem,
- uma linha para os resíduos de construção em ruínas,
- um armazém para materiais perigosos,
- uma instalação para a produção de combustíveis alternativos,
- um aterro sanitário.

A modernização da fábrica contribui para uma melhor gestão e recuperação de: resíduos urbanos mistos, resíduos de embalagens, resíduos de grandes dimensões, resíduos biodegradáveis e resíduos urbanos após processamento mecânico. Além disso, produz combustível alternativo, energia eléctrica a partir de biogás, corretor de solos (Análise do estado da gestão dos resíduos urbanos para o ano de 2014 em Opole).

A campanha de sensibilização da sociedade para a eliminação de resíduos e as suas ameaças para o ambiente só recentemente teve início. Os resíduos depositados em aterro sofrem um lento processo de decomposição. A influência das condições climáticas, por exemplo, o ar e a precipitação atmosférica, leva à produção de lixiviados e à emissão de biogás. Embora sejam promovidas numerosas soluções para reduzir a massa de resíduos depositados em aterros, estas ainda não conduzem à eliminação total dos aterros da paisagem. O objetivo principal deve ser o tratamento adequado dos resíduos através da aplicação da tecnologia MBT antes da sua eliminação. De acordo com as diretrizes mais recentes da UE "Um programa de resíduos zero para a Europa", os Estados da UE devem aumentar a recuperação/reciclagem de resíduos (foram estabelecidos novos limites). Isto significa que o "processamento complexo" na instalação de TMB é considerado prioritário. A instalação separa principalmente os resíduos selectivos e envia-os para reciclagem, enquanto os resíduos urbanos mistos são submetidos a tratamento mecânico e biológico e, na sua forma estabilizada, são finalmente enviados para eliminação em aterro. É de salientar que a reciclagem deve ser efectuada de acordo com a tecnologia mais recente, tal como definida no documento (MTD).

MBT- na Ásia

O tratamento de resíduos específicos de materiais com instalações que operam com tecnologia MBT como ponto de comutação de separação de fluxo de massa com tratamento e utilização eficientes em termos energéticos dos fluxos parciais oferece não só na Europa uma boa posição de partida.

Na maioria dos países asiáticos, a rápida mudança de hábitos de vida, em concomitância com o desenvolvimento acelerado da industrialização e o crescimento da população, influenciam significativamente a quantidade e a qualidade da produção de resíduos sólidos. Este problema agravou-se devido à reduzida sensibilização do público, à inadequação da tecnologia e dos meios de gestão de resíduos e à falta de apoio financeiro. A produção descontrolada de resíduos sólidos urbanos (RSU) constitui um grave dilema nas zonas urbanas da maioria dos países em desenvolvimento da Ásia. A abordagem da lixeira a céu aberto, um sistema de eliminação predominante, cria riscos consideráveis para o ambiente, a saúde e a segurança. A alternativa mais económica e amplamente praticada para a eliminação dos RSU é a deposição em aterro sanitário. De um modo geral, o fluxo de RSU na maioria dos países asiáticos é altamente biodegradável. A deposição direta dos resíduos em aterro sem tratamento prévio não é uma abordagem amiga do ambiente.

O potencial da tecnologia de pré-tratamento mecânico-biológico (MBP) foi reconhecido nos países asiáticos. Os processos envolvidos coincidem com o tratamento necessário para a qualidade dos resíduos e as condições ambientais nas economias em desenvolvimento.

A TMB consiste num processo mecânico. O tratamento mecânico, que inclui a triagem dos resíduos, a homogeneização combinada com a trituração, é seguido de um tratamento biológico de compostagem em leiras em ensaios à escala real e em condições de tempo seco. O peso húmido e o LOI dos resíduos de entrada e de saída foram determinados para avaliar o desempenho do tratamento em termos de redução da matéria orgânica. O resultado indica uma redução significativa da massa húmida e seca de 53% e 19%, respetivamente. No entanto, a compactação dos resíduos proporcionada apenas pelos leiras após a degradação já está acima dos valores de densidade normalmente atingidos e uma compactação mecânica adicional melhorou mais a densidade húmida em quase 50% do que apenas as leiras

O processo biológico é muito importante na Ásia. Isto significa que a composição dos resíduos sólidos na Ásia é maioritariamente biodegradável. A parte biodegradável dos resíduos permanece principalmente no fluxo de resíduos até 50%. A este respeito, os resíduos não são adequados para incineração porque requerem um elevado consumo de energia para os levar ao seu nível de ignição. A melhor solução de eliminação para este tipo de resíduos é o sistema de pré-tratamento mecânico-biológico.

O pré-tratamento mecânico-biológico é uma tecnologia estabelecida para o tratamento de resíduos sólidos urbanos antes da sua deposição em aterro. A extensa segregação dos resíduos durante o tratamento mecânico recupera os materiais utilizáveis. O processo biológico subsequente recicla a parte orgânica dos resíduos em composto, fertilizante ou cobertura do solo do aterro e produção de biogás para produção de energia. Este é um processo de pré-tratamento adequado nos países asiáticos devido à sua composição e caraterísticas dos resíduos. O principal objetivo do pré-tratamento mecânico-biológico é a estabilização óptima dos resíduos com a redução dos lixiviados dos aterros e das emissões gasosas, gerando simultaneamente subprodutos valiosos. Por conseguinte, um tratamento mecânico antes do processo biológico melhora a operação global e oferece benefícios que apoiam o conceito de sustentabilidade. A compostagem aeróbia e a digestão anaeróbia foram os sistemas de tratamento biológico reconhecidos. A compostagem em leiras a céu aberto apresenta algumas limitações de feedback em países tropicais durante a estação das chuvas. No entanto, com um processo de otimização significativo, essas limitações podem ser ultrapassadas com sucesso. A digestão anaeróbia pareceu ser mais atractiva no tratamento dos resíduos, tendo-se conseguido uma redução significativa da massa e do volume de 85,5% e 79%, respetivamente, com o tratamento anaeróbio.

O MBP ou a compostagem simples (não para a produção de composto de qualidade) foi sugerido como uma opção viável para melhorar o desempenho do aterro na região tropical. Além disso, a integração do MBP e da deposição em aterro dos resíduos urbanos torna viável o funcionamento, a manutenção, a conceção e a economia do aterro e será uma tecnologia útil especialmente para a região asiática. Além disso, o período de pós-tratamento exige uma operação simples de monitorização e controlo das emissões/efluentes.

MBT na Índia

O Governo indiano regulamenta a gestão e o manuseamento de resíduos sólidos urbanos, proporcionando um quadro para o tratamento e a eliminação de resíduos mistos. As regras relativas aos RSU recomendam a adoção de diferentes tecnologias, que incluem a biometanização, a gaseificação, o combustível derivado de resíduos (CDR), a combustão de resíduos para energia e os aterros sanitários, utilizando a tecnologia MBT.

Na Índia, existem mais de 80 instalações de TMB que tratam resíduos mistos. Estão a ser propostas mais de 26 novas instalações de TMB em diferentes cidades e vilas da Índia. Embora a compostagem de resíduos mistos seja uma solução melhor do que a deposição em aterro ou a queima a céu aberto desses resíduos, não é a melhor. Verificou-se que o composto proveniente de instalações de TMB é de baixa qualidade e contém metais pesados tóxicos que podem entrar na cadeia alimentar humana se for utilizado na agricultura. Para além disso, a Índia tem um total de cinco instalações de processamento de CDR. As duas primeiras instalações queimam o CDR produzido em caldeiras WTE, enquanto as duas seguintes queimam o CDR em fornos de cimento (Ranjith Kharvel 2012)

Por exemplo, os processos mecânicos de tratamento biológico de resíduos (MBT) foram identificados como a opção de tratamento de resíduos mais viável para os resíduos da cidade de Bangalore.

A primeira etapa do tratamento mecânico prepara os resíduos para o tratamento subsequente. Trituração e homogeneização Na primeira fase do tratamento mecânico, os resíduos são preparados para o tratamento subsequente, sendo previamente triturados até à dimensão máxima necessária e, por conseguinte, também homogeneizados pela primeira vez. O processo de trituração também abre contentores e sacos, etc., e aumenta a superfície dos componentes dos resíduos, melhorando a decomposição dos elementos orgânicos degradáveis para tratamento biológico. A decisão de pré-triturar o material depende das propriedades dos resíduos. As máquinas utilizadas nesta fase variam em termos de efeito de trituração e dependem do tipo de resíduos a tratar. Na maior parte das vezes, as instalações utilizam máquinas de fratura (por exemplo, martelos demolidores de um ou vários veios), de corte (tesoura rotativa ou moinho de corte) ou de cisalhamento (moinho de parafuso). Uma alternativa são os compactadores de alta pressão, que combinam a trituração e a triagem das fracções que serão submetidas a tratamento biológico. Em função das propriedades dos resíduos, a trituração prévia pode ser evitada para alguns fluxos de resíduos e substituída por um simples abre-sacos. Separação das fracções grosseiras e finas A separação das fracções grosseiras de elevado poder calorífico e da fração fina destinada ao tratamento biológico é feita, em grande parte, por crivagem (crivos de tambor, vibratórios e em estrela). Também se utilizam separadores balísticos. Em algumas instalações com digestão anaeróbia, são utilizados compactadores de alta pressão para separar a fração orgânica húmida das fracções secas (Kiron Shah 2016)

Separação de metais Os ímanes removem os metais ferrosos; os metais não ferrosos (NF) são extraídos utilizando sistemas de separação por correntes de Foucault. Além disso, a fração de alto poder calorífico resultante pode ser submetida a um processamento adicional antes da recuperação de energia, se necessário. O grau de processamento é determinado principalmente pela aplicação para a fração grossa com elevado poder calorífico e pelo processo de tratamento biológico para a fração fina.

O tratamento mecânico tem as seguintes funções:

- Remoção e/ou tratamento (por exemplo, trituração) de impurezas

- triagem da fração fina com um elevado nível de componentes orgânicos degradáveis para tratamento biológico (não nas instalações de MBS)

- triagem, trituração ou personalização de fracções de resíduos com elevado valor calorífico para valorização energética (no fluxo principal da instalação de TMB, antes ou depois do tratamento biológico)

- ejeção de fracções pesadas

- separação de grupos de materiais para reciclagem (por exemplo, metais)

- decomposição e homogeneização de componentes de resíduos para tratamento biológico - personalização de material com elevado poder calorífico

A segunda etapa é o tratamento biológico (aeróbio). As fases de biodegradação seguem uma cinética de primeira ordem, correspondendo a uma curva que começa por cair abruptamente antes de apresentar um movimento assintótico. A maior parte da decomposição em massa ocorre quando a curva de degradação é íngreme durante um período que normalmente dura duas a três semanas. Esta fase é conhecida como decomposição intensiva devido à quebra significativa do material (que é simultaneamente acompanhada pela fase mais intensa da atividade de emissão). O encerramento ou encapsulamento da fase de decomposição intensiva é um elemento central dos esforços para minimizar as emissões e otimizar a eficiência do processo.

Com base nos exemplos acima mencionados, a função MBT em diferentes países do mundo pode dizer que o sistema de tratamento é diferente. No mercado aparecem novas empresas, que oferecem um tratamento de maior qualidade. Isto significa que o interesse por este método e as perspectivas do seu desenvolvimento são evidentes.

Conclusão

Nos últimos tempos, as acções de sensibilização para o facto de os aterros constituírem um perigo para o ambiente são cada vez mais raras. A influência das condições climáticas, por exemplo, o ar e a precipitação atmosférica, leva à produção de lixiviados e à emissão de biogás.

As ameaças acima referidas podem ser limitadas através da aplicação de técnicas adequadas de tratamento de resíduos antes da sua eliminação. Uma tecnologia orientada para estes objectivos é o tratamento mecânico biológico (TMB). O resultado é uma estabilização que conduz à redução de poluentes, como lixiviados e gases, até 90%, e à contaminação dos lixiviados com substâncias orgânicas até 80-90% e à atividade respiratória dos resíduos até 80-90%. Além disso, contribui para o aumento do processamento de materiais recicláveis e para a redução da massa de resíduos depositados em aterro (de 30% para 50%). Além disso, permite aumentar a recuperação de materiais para reciclagem e reduzir a massa de resíduos.

Além disso, de acordo com o novo requisito da UE, "Programa Zero Resíduos para a Europa", o país deve exigir um aumento da reciclagem. A prioridade é a "gestão complexa de resíduos" na instalação de TMB, que separa os resíduos de embalagens para recuperação e os resíduos urbanos para tratamento com TMB e a estabilização da eliminação em aterro. É de referir que o tratamento deve ser efectuado de acordo com a tecnologia mais recente, definida no documento MTD. Finalmente, o tratamento de resíduos em TMB deve cumprir os requisitos da diretiva descritos pelos limites (que aumentam todos os anos), tais como a redução da eliminação de resíduos biodegradáveis e o cumprimento de certas fases de reciclagem de resíduos de embalagens. Por último, é amigo do ambiente.

Refere-se

Bilitewski B., Hardle G., Marek T., *Handbook of waste management* Warszawa 2006

Bialowiec A., Wojnowska-Baryla I. 2012. Revisão Municipal. MBT - determinantes tecnológicos. Editora Abrys. Poznan, 2: 34-37

Bialowiec A. 2012. Revisão Municipal. Aterros sanitários - tecnologia subestimada. Editora Abrys. Poznan, 4: 42-45

Bujny J. 2014. Revisão Municipal. Posição dominante da Região Instalação de tratamento de resíduos urbanos. Editora Abrys. Poznan, 9: 30-32

Infra-estruturas municipais em 2012. Gabinete Central de Estatística (GUS) 2013. | cdrczak A. 2007. Tratamento biológico de resíduos. PWN, Varsóvia.

Jedrczak A. 2014. Revisão Municipal. A condição da gestão de resíduos urbanos no país. Editora Abrys. Poznan, 7: 4-10.

. | cdrczak A., Szpadt R. 2008. Diretrizes sobre os requisitos para os processos de compostagem, fermentação e tratamento mecânico-biológico de resíduos. Ministério do Ambiente

Ambiente. Gabinete Central de Estatística (GUS) 2010

Rosik-Dulewska CZ. 2015. Rudimentos da gestão de resíduos. PWN, Varsóvia. („Em polaco")

Sidelko R., Szymanski K., Seweryn K. 2012. Revisão Municipal. Compostagem de fracções orgânicas de resíduos urbanos. Editora Abrys. Poznan, 1: 46-48

Suchowska - Kisielewicz M. 2011. Municipal Review. Decomposição aeróbia de resíduos antes da sua eliminação. Editora Abrys. Editora Poznan, 10: 26-29

Zygadlo M. *Gestão de resíduos urbanos* Warszawa 1998

Szymkowiak, *Aterro sanitário novos desafios* Muncipal Review 3/2015

Análise do estado da gestão dos resíduos urbanos para o ano de 2014 em Tychy

Análise do estado da gestão dos resíduos urbanos para o ano de 2014 em Gdansk

Análise do estado da gestão dos resíduos urbanos para o ano de 2014 em Opole

Instalações de tratamento mecânico biológico da Entsorga *em todo o* Reino Unido e *na* Europa.

Nickolas J. Themelis *Gestão Sustentável de Resíduos Sólidos na Índia* por Ranjith Kharvel Annepu Conselheiro: Stanley-Thompson, Columbia University in the City of New York 10 de janeiro de 2012

Kiron Shah, *Conceito de tratamento de resíduos sólidos urbanos para a zona ocidental de Bangalore,* Índia, Presidente da Electronics City Industrial Township Authority, 2016

MIX
Papier aus verantwortungsvollen Quellen
Paper from responsible sources
FSC® C105338

Printed by Books on Demand GmbH, Norderstedt / Germany